Jonathan Cardoso

De la Terre à Mars

L'histoire de la colonisation spatiale

Prologue

Premièrement, les hommes voyageaient dans leur propre imagination, animés par leur intelligence, alimentée par leurs mythes. Qui n'a jamais entendu le mythe d'Icare, le premier homme à voler ? En fait, depuis le début de l'histoire, c'est le désir de l'homme d'atteindre les cieux, la domination et la demeure des dieux, et ce désir nous a donné de belles histoires.

Avec ce livre, je veux raconter l'histoire de l'astronautique, qui selon le dictionnaire est la science et sa technologie qui traite des vols spatiaux, mais je vais plus loin, car je vois l'astronautique comme la science qui transforme les rêves en réalité. Avec ce travail, je termine en beauté un projet que j'ai commencé il y a plus de 10 ans : la collection « Nous et l'Univers : l'astronomie », où j'espérais montrer au monde à quel point le ciel est merveilleux, bien plus que ces petits des points lumineux indiquent qu'ils le sont.

Je remercie et réitère ma gratitude à tous ceux qui suivent mon travail, à tous ceux qui m'ont aidé et soutenu pour arriver ici.

Ce n'est pas ma langue maternelle, mais j'ai utilisé le peu que je connais pour traduire mon livre et vous montrer mes idées. Je suis un écrivain brésilien et j'espère que vous aimez ce livre comme j'ai adoré l'écrire !

Partie 1 - Les légendes de l'espace

LE MYTHE D'ICARE

L'ingéniosité de l'être humain est symbolisée dans l'un des plus beaux mythes de l'Antiquité, un mythe qui révèle le désir de voler de l'être humain : le mythe d'Icare. Selon les Grecs, Icare était le fils de Daedalus, qui était l'homme le plus talentueux et le plus créatif de toute Grèce.

Daedalus a été appelé à créer un labyrinthe en Crète, à la demande du roi Minos, et là il est allé, avec son fils et a créé un labyrinthe insurmontable, pour emprisonner le Minotaure. Daedalus, connu pour ses inventions et la perfection de son travail, créa un labyrinthe si ingénieux qu'il devint connu sous le nom de Labyrinthe de Crète. Mais Daedalus a réussi à irriter le roi Minos. Il aida sa fille à s'échapper avec un amant et, en guise de punition, le roi ordonna que le constructeur et son fils soient jetés dans le labyrinthe.

Daedalus savait que la prison était insurmontable, car il savait que déclarer le contraire serait la même chose que diffamer son propre travail, dénigrer son propre talent. Pour s'échapper de là, Daedalus a conçu des ailes, ajouté les plumes de plusieurs oiseaux, les fixant avec de la cire, afin qu'elles ne se détachent pas lors du décollage.

Quand tout fut prêt, l'artiste battit des ailes, comme le font les oiseaux. Bientôt, il se retrouva suspendu dans les airs. Il a habillé son fils avec une paire de ailes et lui a appris à voler. Il expliqua à son fils de ne pas voler haut, car la chaleur du soleil pouvait faire fondre la cire qui retenait les plumes sur les ailes.

Ils ont commencé à voler et ont été libérés du labyrinthe qui les emprisonnait. Ils ont volé à travers la mer et se sont sentis comme les dieux eux-mêmes. Cependant, Icare a oublié les recommandations de son père et s'est envolé sans se soucier de ce que le vieux Daedalus lui avait dit. Il a pris son envol haut, jusqu'à ce qu'il touche les nuages et ne remarque pas que les cires des ailes de son dos fondent ; provoquant le détachement des plumes. Icare est rapidement tombé dans la mer et a disparu.

    Lorsque Daedalus a manqué son fils, il a commencé à le chercher et à crier : "Mon fils, où es-tu ?" Il a volé et volé et n'a pas trouvé son fils, craignant le pire, a survolé la mer et il n'a pas tardé à trouver les plumes des ailes de son fils flottant à travers la mer. Encore une fois, il a déploré ses propres capacités. Il y a quelques heures, il était maintenant piégé dans son propre labyrinthe, il pleurait la mort de son fils ; tué par les ailes que vos mains ont construites. Il a volé avec le corps de son fils vers une île voisine, l'a enterrée et a appelé l'île d'Icaria, après lui.

Vera Historia - Luciano de Samósata

Il s'agit du plus ancien livre de science-fiction de l'histoire, écrit vers 400 avant JC. Ce travail parle de voyage spatial, de formes de vie extraterrestres et de guerre interplanétaire. Son livre commence comme le sien:

« Si je vous dis que je mens, j'aurai dit au moins une vérité, et j'espère échapper à la censure générale en me rappelant que je propose de ne pas dire qu'une seule vérité, du début à la fin de cette histoire.

Le livre Vera Historia raconte une véritable épopée astronautique : un voyage dans l'espace, avec le droit de descendre dans un autre monde, et il nous décrit encore à quoi ressemblerait ce monde et bien sûr, le retour sur notre planète.

L'histoire commence lorsque l'auteur nous dit qu'il est à bord d'un navire, naviguant sur des mers étranges, jusqu'à ce qu'un tourbillon emmène le navire sur la Lune. Le voyage dure sept jours et sept nuits, jusqu'à ce qu'ils atteignent une île dans le ciel, étincelante de la lumière. Les Sélénites sont grands, chauves et barbus, toujours engagés dans une terrible bataille contre les habitants du Soleil. Son livre n'a aucun intérêt scientifique : il n'y a aucune mention de gravité, de vide, de manque d'oxygène ou quoi que ce soit de ce genre.

Après ce livre, un autre n'est apparu que près d'un millénaire plus tard. Il s'avère que les penseurs de l'époque ont créé l'idée que la Terre serait au centre de l'Univers, la théorie du géocentrisme. Pour cette raison, les écrivains n'étaient pas attirés par l'écriture d'histoires en sortant l'homme du centre de l'univers.

Pour cette raison, les écrivains n'étaient pas attirés par l'écriture d'histoires en sortant l'homme du centre de l'univers.

C'est en 1010 qu'un livre à l'empreinte fictive réapparut : un roman intitulé « Les Aigles de Kai-Ka'us ». L'histoire raconte un roi perse qui était toujours dans des aventures dangereuses. Cette fois, il fut persuadé de conquérir la lune. Il voulait de toute façon s'aventurer dans le cosmos et conquérir cette île, l'île flottante du ciel nocturne. C'est alors qu'il rassembla une légion d'aigles et les domestiqua. Et après de nombreuses tentatives frustrantes, il est renvoyé sur Terre, tombant dans un endroit inconnu. Selon la légende, les Aigles de Kai-Ka'us sont considérés par les sages persans comme un avertissement pour les plus audacieux, pour ceux qui défient les mystères célestes par les dieux gardés.

Les premières histoires de nature scientifique ont commencé à apparaître en 1634, il était en cette année que le célèbre mathématicien et astronome Johannes Kepler a écrit son livre Somnium (rêve). Dans son livre, Kepler connaît le vide céleste, et pour cette raison, ses personnages ne vont pas sur la Lune tirés par des ailes. De plus, Kepler est déjà conscient de l'essoufflement sur la Lune, et pour cette raison, les habitants vivaient dans des grottes. Contrairement à ses prédécesseurs, Kepler utilise les données d'observation du télescope pour décrire à quoi ressemble la lune. Après Somnium, les voyages dans l'espace sont devenus plus populaires.

En 1638, le livre « The man in Moon » a été publié, écrit par l'évêque anglais Francis Godwin, sous le pseudonyme de Domingo Gonsales. Dans cet ouvrage, il décrit le voyage d'un noble espagnol en ruine vers la lune, avec ses oies domestiquées. Au cours des années 1638 et 1767, le livre a eu 25 éditions et a été traduit en cinq langues.

La découverte d'un Nouveau Monde a été écrite en 1640 par un autre Anglais, nommé John Wilkins. Dans ce livre, il essaie de convaincre le lecteur qu'il est possible d'avoir un autre monde habitable.

Qui était bien connu pour ses histoires célestes était Hector Savinien Cyrando de Bergerac. Dramaturge philosophe, auteur satirique et grand amateur de science-fiction. Entre 1649 et 1692, il écrit deux grandes œuvres : Voyage dans la Lune et Histoire Comique des États et Empires de Soleil. Dans la première histoire, Savinien remplit plusieurs bouteilles de rosée, et avant que le soleil ne se lève, il répand la rosée sur son corps. Dès que le soleil se lève et commence à s'évaporer cette rosée sur votre corps, devenant ce propulseur de Savinien, le faisant voler. Cependant, son carburant est bas et il n'atteint pas la lune, mais il tombe au Canada. C'est le premier livre qui suggère une méthode raisonnable en science-fiction pour emmener vos héros dans l'espace. Jusqu'à présent, les écrivains ont transporté leurs personnages dans l'espace en dessinant des animaux miraculeux, mais dans cette histoire, Savinien est attelé par des soldats de la fusée et envoyé sur la lune lorsqu'il atterrit au Canada.

Parmi toutes les histoires jamais produites, la plus belle de toutes a été écrite en 1878, par Jules Verne : De la Terre à la Lune, qui jusqu'à aujourd'hui enchante et fascine, devenant un grand classique immortel. Il est admirable, même aujourd'hui, à quel point le livre était si prophétique par rapport à l'arrivée de l'homme sur la Lune.

1º Selon Verne, le match aurait lieu dans la ville de Tampa, et il s'est déroulé à seulement 35 km, à Cabo Kennedy.

Le navire du Verne avait trois membres d'équipage, tout comme Apollo et Soyuz.

3. Le véhicule était cylindro-conique, de la même manière que les navires actuels.

4e Le temps de trajet Terre-Lune-Terre, sans atterrissage sur le satellite, était de 8 jours, le même temps qu'Apollo 8

Les astronautes de la 5e Verne ont utilisé des rétrofusées pour freiner et changer de route, et il va sans dire que la même chose s'est produite avec Apollo.

6e Verne connaissait déjà le manque de gravité dans l'habitacle et en prédit les effets.

Les voyageurs du 7e Verne sont descendus à la mer, près d'un navire, il en est de même pour les manœuvres de récupération américaines.

La cabine du 8e Verne pesait 10 tonnes ; le module lunaire pesait 13.

Malgré tous les succès remportés par Jules Verne, il a également commis des erreurs, ce qui n'a pas empêché l'œuvre de provoquer l'extraordinaire fascination qu'elle provoquait. C'est là qu'est né un nouveau mode d'écriture de science-fiction : aborder les faits réels, avec une sorte de vision prophétique, donc, les yeux ouverts, les hommes se sont mis à rêver. Quoi qu'il en soit, Albert Einstein avait raison de dire : «L' imagination est plus puissante que la connaissance, elle élargit la vision, elle élargit l'esprit, alors qu'elle défie l'impossible. Sans cela, la connaissance stagne. » Ou aussi, comme le disait Konstantin Eduardovitch Tsiolkowsky, un scientifique russe pionnier dans l'étude des fusées et de la cosmonautique : « Au début, les idées, les fantasmes, l'histoire surgissent. Après eux, calcul scientifique. Ce n'est qu'alors que les hommes pratiques peuvent en faire une réalité. Tsiolkowsky est décédé en 1935, l'année de la naissance du premier homme (également russe), qui irait dans l'espace.

Partie 2 - Comment fonctionnent les fusées

L'histoire probable de l'apparition des fusées commence au XIIIe siècle, par les

Chinois. Ils ont rempli les coquilles de bambou de salpêtre, de soufre et de charbon ; Ainsi, est né le feu d'artifice et aussi le premier système de propulsion. C'est au XVIIIe siècle que les fusées ont été transformées en métal.

Beaucoup de gens pensent que les roquettes n'ont été utilisées que dans les guerres après la Seconde Guerre mondiale, mais il y a des rapports du début du 13ème siècle, d'une invasion mongole dans la province de Huan, à la frontière ouest de l'Empire chinois, où ils utilisé et les a appelés de « flèches de feu volantes ».

C'est par l'intermédiaire des Arabes que les Européens ont rencontré les roquettes, et ils les ont utilisées à partir de 1453, après la fin de la guerre de Cent Ans, mais elles ont rapidement disparu et ne sont revenues sur les lieux que pendant les années 1803 et 1815, à l'époque. des guerres napoléoniennes.

Les fusées ne sont considérées que comme un système de propulsion de véhicules spatiaux par les écrivains, mais à la fin du 19e siècle et au début du 20e siècle, les premiers scientifiques sont apparus dans les fusées, un système de propulsion pour les véhicules spatiaux. Plusieurs noms se détachent dans l'étude des fusées en tant que système de propulsion, mais des noms comme le russe Konstantin Eduardovitch Tsiolkowsky (1857-1935), l'allemand Hermann Oberth (1894-1989), l'américain Robert Hutchigs Goddard (1882-1945), Sergei Korolev (1907-1966), Valentin Petrovich Glushko (1908-1989) et Werner Von Braun (1912-1977).

Konstantin Tsiolkowsky présenté astronomes avec son équation de fusée (connu sous le nom Tsiolkowsky ' s Rocket Equation), et l'équation considère qu'un dispositif peut appliquer l'accélération en même temps, en expulsant une partie de sa masse à grande vitesse, dans le sens opposé, en raison de conservation le montant du déplacement.

Herman Oberth a commencé à construire des fusées pour des événements publicitaires pour un film allemand intitulé « Frau im Mond » (La femme sur la lune). Il a été aidé par Werner Von Braun, qui est venu plus tard pour aider à construire Saturn V, ce qui a rendu possible l'atterrissage sur la lune . En plus de toute sa contribution aux fusées, il a également beaucoup aidé avec des télescopes, des réflecteurs spatiaux, des stations spatiales et des combinaisons spatiales. Oberth croyait également à l'hypothèse extraterrestre.

Robert Goddard est considéré comme le père de la fusée moderne, étant l'un des développeurs de la technologie spatiale.

Sergei Pavlovich Korolev était le principal concepteur de fusées et d'avions pendant la course à l'espace, étant considéré comme le père de l'astronautique soviétique, car il était directement responsable des succès pionniers de l'Union soviétique dans la course à l'espace, et cela inclut le lancement réussi de Spoutnik et la mission qui a emmené le chien Laika dans l'espace. Il était également responsable de la mission Vostok, qui porta Youri Gagarine en orbite terrestre, il mourut en 1966, alors que l'Union soviétique menait toujours la course à l'espace.

 Valentin Petrovich Glushko a conçu plusieurs moteurs utilisés dans les fusées conçues par Sergei Korolev, parmi lesquels le RD-107, qui allait devenir l'un des plus importants au monde, utilisé aujourd'hui dans des versions modernisées.

 Werner Magnus Maximilian Vo n Braun était un ingénieur allemand, développeur de la fusée V-2 pour les nazis et de la fusée Saturn V pour les États-Unis. Il a été le concepteur de la première grande fusée propulsée par du carburant liquide.

 Les fusées ont leur principe de fonctionnement du moteur basé sur la troisième loi de New ton, la loi de l'action et de la réaction, qui postule que chaque action a une réaction correspondante, avec la même intensité, la même direction, mais dans le sens opposé.

 Pour cela, imaginons un espace clos, où il y a un gaz brûlant. Cette combustion produira de la pression dans toutes les directions. Comme l'espace est fermé, il n'y aura aucun mouvement, mais si nous introduisons un trou dans cette boîte fermée, les gaz s'échapperont par-là, puis cela produira une poussée. Voilà comment fonctionne une fusée.

Nous avons 4 types de fusées, cependant, seuls trois sont encore dominés par la science :

- Fusées à combustible liquide

Ce sont des fusées où le carburant et le brûleur sont stockés à l'extérieur de la chambre de combustion et sont pompés et mélangés dans la chambre.

- Fusées à combustible solide

Dans ce cas, le propulseur (combustible) et le comburant (brûleur) sont à l'état solide à l'intérieur de la chambre de combustion. C'était le premier type de fusée créé, après tout, les Chinois utilisaient déjà la technique du bambou avec de la poudre à canon, les prototypes de fusées.

- Fusée à carburant hybride

Toujours dans la phase de test, le combustible et l'oxydant se trouvent dans des chambres séparées, dans des stocks différents: liquide / solide ou gazeux / liquide. Ce type de fusée peut être considéré comme un juste milieu entre la fusée à combustible solide et liquide. Des pays comme le Brésil et les États-Unis travaillent au développement de ce type de fusées.

- Fusée antimatière

Thi type de fusée est encore que sur le papier, car il présente une série de incongruités. L'utilisation de l'antimatière comme force d'impulsion peut s'avérer la plus avantageuse de toutes, après tout, toute la masse de mélange, qu'il s'agisse de matière ou d'antimatière transformée en énergie, permettra une densité d'énergie beaucoup plus élevée que celle des fusées d'aujourd'hui. La plus grande préoccupation de ce type de fusée est la production d'antimatière, ainsi que son stockage. En se rappelant que l'antimatière annihile la matière, elle peut facilement détruire une roche et en quelques millionièmes de seconde.

Partie 3 - La course à l'espace

Après la Seconde Guerre mondiale, deux superpuissances se sont battues : les États-Unis et l'Union soviétique. La période allant de 1950 à 1990 était connue sous le nom de guerre du Col d car il n'y avait pas de guerre ouverte et déclarée, il n'y avait pas d'invasions, ni d'armes, ni même de conflits. Cependant, la rivalité entre les deux superpuissances était évidente, et leurs efforts étaient concentrés sur le pionnier et l'exploration de l'espace, qui à l'époque était considéré comme quelque chose de nécessaire pour la sécurité nationale et comme un symbole de supériorité technologique (et idéologique). C'est dans cette atmosphère que des satellites artificiels ont été lancés, des vols spatiaux habités autour de la Terre et des voyages habités vers la Lune.

La course à l'espace a ses origines dans la course aux armements, qui a commencé peu après la fin de la Seconde Guerre mondiale, où les États-Unis et l'Union soviétique se sont attaqués aux technologies spatiales développées par les Allemands, ainsi que par les Allemands eux-mêmes, les spécialistes. Dans la technologie des fusées. Il y a eu alors une augmentation significative des dépenses d'éducation et de recherche.

Le premier pas vers la suprématie spatiale a été franchi par l'Union soviétique, et cela s'est produit le 4 octobre 1957. Ce jour-là, la compétition a commencé, avec l'URSS en tête : à 7 ; 57 PM, l'URSS lance le premier satellite artificiel sur Terre, Spoutnik I.

Les Américains étaient étonnés et même effrayés par toute la journée prise par les Soviétiques, après tout, s'ils pouvaient envoyer un satellite dans l'espace, que pourraient-ils faire sur Terre ? Ce que les Américains ne savaient pas, c'est que les Soviétiques avaient travaillé dur pour fabriquer une fusée pour lancer un missile balistique et non un satellite.

Comme poussés par un élan orageux, les Soviétiques ne voulaient même pas que la poussière se dépose, et en moins d'un mois, ils étaient de nouveau là, se dirigeant vers l'espace. Le 3 novembre 1957, Spoutnik II était prêt à décoller, mais cette fois avec un plan plus ambitieux.

Spoutnik II n'était pas seulement un satellite naturel ; il transportait une cargaison très précieuse : Spoutnik II prenait le premier être vivant en orbite autour de la planète Terre. Le plan était ambitieux et ils voulaient savoir comment un organisme vivant se comporterait dans l'espace. Quelques mois plus tôt, des scientifiques ont enlevé un chiot des rues de Moscou et l'ont appelé Лайка, Laika, ce n'était pas tout à fait le nom, mais la race dont elle faisait partie. Tout avait été bien planifié et bien préparé, sauf que tout le monde savait déjà que ce serait un aller simple, elle avait été enlevée des rues et envoyée directement à sa mort. Le plan initial était qu'après quelques heures, des aliments toxiques seraient libérés et elle mourrait sans douleur. Les Soviétiques ont affirmé que le chien lui avait survécu pendant des semaines. Quoi qu'il en soit, ce qui s'est passé était totalement différent de cela : ce n'est qu'en 2002 que des informations ont fui qu'après une heure que le chiot est arrivé dans l'espace, l'un des systèmes de refroidissement de la capsule a cessé de fonctionner et le chiot est mort d'hyperthermie. De nos jours, Laika est synonyme de dépassement, de forge, de courage et bien que cela ne renverse pas son tragique, elle a été honorée d'innombrables façons, étant apparue sur des timbres russes, des œuvres de fiction de natures les plus diverses, de la musique et des films. Il y a un mémorial en Russie appelé le Monument aux conquérants du cosmos, qui célèbre la découverte du peuple soviétique dans l'exploration spatiale, où elle occupe un poste spécial, en plus d'avoir sa propre statue, ailleurs en Russie. Peu d'humains ont osé explorer l'inconnu alors que Laika y faisait face involontairement.

  Les Américains ne voulaient pas être laissés pour compte quand il s'agissait de Cosmo, et le 31 janvier 1958, ils lancèrent leur premier satellite artificiel, Explore I, montrant leur force et leur volonté de faire hisser leur drapeau là-haut. Le 28 juillet 1958, le 34 président américain de l'époque, Dwight D. Eisenhower, signe la loi pour que le NACA (Comité consultatif national de l'aéronautique - Comité national pour les questions aéronautiques) remplace le « c » par le « s », et à partir de ce jour serait appelé Nasa. Il est non seulement une question de changer les noms, comme la NASA signifierait national Aeronautics and Space, un s vous pouvez le voir, ils étaient vraiment intéressés à être les colonisateurs de l'espace, mais les éthiques Soviétiques étaient toujours à l'avant - garde, et irait encore un peu plus loin vers l'avant.

 Le 12 avril 1961, à sept heures du matin, le froid coupait après tout, il faisait 40 degrés sous zéro au cosmodrome de Baïkonour. Il y avait un major de 27 ans appelé Юрий Алексеевич Гагарин, ou Yuri Alexeyevich Gagarine. Jusqu'à ce qu'ils l'atteignent, les scientifiques ont subi une recherche rigoureuse et il était toujours à la pointe, c'était pour la méritocratie : il obtenait une excellente performance en formation et était d'origine paysanne - ce qui comptait des points dans le système communiste. C'est pourquoi il a été choisi pour piloter le vaisseau spatial Vostok I. Le garçon avait 27 ans lorsqu'il est devenu le premier être humain à aller dans l' espace , dans lequel il a fait une orbite complète autour de la planète. Il était en orbite pendant 108 minutes, à une hauteur de 315 km, dans un vol entièrement automatisé, à une vitesse approximative de 28 000 km / h.

Les experts soviétiques ont mal calculé (deux fois) la trajectoire d'atterrissage du navire. Cette erreur a fait atterrir la capsule spatiale Gagarine au Kazakhstan, à plus de 320 km de l'emplacement initialement prévu (qui était le lieu de retrait). Cela signifiait qu'au moment de l'atterrissage, personne ne l'attendait.

Les Soviétiques ont déclaré qu'à l'atterrissage, Gagarine était à l'intérieur de la capsule spatiale, alors qu'en réalité l'astronaute a utilisé un parachute, sautant à sept kilomètres au-dessus du sol. L'Union soviétique a nié et ce fait depuis des années, de peur que le vol ne serait reconnu par des organismes internationaux comme le pilote n'a pas suivi le navire jusqu'à la fin.

Certaines personnes disent qu'il avait dit : "J'ai regardé partout et je n'ai pas vu Dieu !" Mais on sait que c'est un mensonge, après tout, il était membre de l'Église orthodoxe. Mais il a dit : « La Terre est bleue et la transition entre le bleu de la Terre et le noir du Cosmos est douce. Il y a assez d'espace pour tout le monde. "

Fou de joie, au-dessus de tous les êtres vivants, plus vite que n'importe quel homme. L'Icare moderne est sorti des royaumes de la gravité, la force qui liait tous ses frères à ce petit point bleu, une île bleue dans le Cosmos.

À son retour sur Terre, Youri Gagarine est devenu une célébrité, et pour cette raison, il est devenu un garçon d'affiche pour le programme spatial soviétique, et par conséquent, il ne pouvait pas être envoyé dans l'espace. Sur Terre, il a déclaré: « Les cosmonautes américains devront nous rattraper, nous saluerons leur succès, cependant, nous essaierons de rester en tête.

En fait, les Soviétiques couraient vite, et avant que les Américains puissent faire quoi que ce soit, ils avaient déjà préparé un nouveau Vostok et envoyé Guerman Titov, et il a passé 2 heures et 18 minutes à Cosmo.

Cependant, les Américains n'ont pas abandonné, et finalement le 20 février 1962, à bord de la capsule spatiale Friendship 7, l'astronaute américain John Herschel Glenn Jr. devient le premier Américain dans l'espace. Bien que Gagarine ait été le premier, le voyage de John Herschel était plus historique : il a été télévisé pour 135 millions de personnes, qui ont vu et entendu le meilleur de l'espace ! C'est le succès de John Glenn qui a apporté un peu de confiance, compensant une partie de la peur des années d'incertitude qui tourmentaient les Américains depuis le début de la Space Race, depuis le lancement de Spoutnik I. Les Américains commençaient déjà à voir le dos de votre adversaire.

Les premiers voyages dans le cosmos ont été glorieux, mais aussi inconfortables. Quand John Glenn est sorti de Friendship 7, il a dit : : « Wow, comme il fait chaud à l'intérieur. Et essayez la cabine ? Il est tellement serré que je ne l'ai pas senti à l'intérieur, je le portais ! "

1967 a été une année de deuil pour les deux pays: les États-Unis et l'URSS ont pleuré la mort de leurs hommes. Dans une course féroce, où seule la ligne d'arrivée était visible, les astronomes oubliaient de penser à la vie de leurs héros spatiaux et en paieraient cher. Le 26 janvier 1967, après plusieurs tests sans pilote avec Apollo 1, les astronomes Virgil Grissom, Ed Ward White et Roger Chaffee se sont lancés pour faire un dernier test, le test habité. Les Américains ont pleuré ce jour-là : lors du dernier test, Virgil Grissom a signalé la tour qui avait déclenché un incendie dans le cockpit et ils abandonneraient le module, mais en raison de problèmes de construction et de la forte concentration de fumée, ils n'ont pas pu ouvrir la trappe et mourut trois, à l'intérieur du module. Trois officiers ont encore tenté d'ouvrir la sortie de secours, même avec le risque que le carburant de la fusée explose et tue tout le monde. Il a fallu cinq minutes pour ouvrir les couches du module. Le sauvetage avait été retardé : les trois étaient déjà morts. Une fois que l'incendie a été maîtrisé et que la fumée dense de l'intérieur du navire s'est dissipée, il a été possible de retrouver les corps des astronautes. Virgil Grissom était allongé sur le sol de la capsule, tandis qu'Edward White a été retrouvé près de l'écoutille, qu'il est mort en essayant d'ouvrir. Roger Chaffee, quant à lui, avait reçu l'ordre de rester en contact avec le commandement à l'extérieur du navire et a donc fini par mourir dans son siège.

Quelque part sur la lune, une plaque de cuivre est gravée des noms de huit astronautes, parmi lesquels les noms de Virgil Guss Grissom, Edward White et Roger Chaffee.

Après cette défaite par ignorance, les Soviétiques étaient en tête. Auraient-ils pu apprendre de ce que les Américains ont vécu, auraient-ils pu éviter une autre catastrophe. Cependant, comme la seule chose qui comptait vraiment était la domination du Cosmo, la catastrophe d'Apollo n'a pas fonctionné.

Soyouz en russe signifie « union » et nous rappelle la période de l'Union soviétique. Les Soviétiques avaient un plan audacieux : ils lancèrent Soyouz I dans l'espace le 23 avril 1967 et embarquèrent le colonel Vladimir Komarov, qui serait en orbite avec le vaisseau spatial Soyouz 2 et effectuerait un changement d'équipage avant le retour sur Terre.

Cependant, Soyouz I était plein de problèmes techniques qui ont pris fin, non seulement Soyouz II ne serait pas lancé, et ce serait à cause de ces problèmes techniques que l'astronaute qui le « portait » mourrait. Peu de temps après son lancement, l'un des panneaux solaires ne s'est pas déployé, ce qui a perturbé l'alimentation électrique du module spatial.

Ensuite, les capteurs d'orientation de l'engin spatial ont commencé à présenter des problèmes, rendant plus difficile la manœuvre de l'engin spatial et, au 13e tour autour de la planète, le système de stabilisation s'est arrêté, et comme si cela ne suffisait pas, le système manuel ne fonctionnait pas correctement. Le directeur de vol a donc dû interrompre la mission.

Peu de temps après la 18e orbite, les rétro-propulseurs ont été activés et Soyouz I est rentré dans l'atmosphère terrestre. Tout semblait aller bien, jusqu'à ce que Komarov a essayé de déclencher le parachute principal module pour faciliter la chute, fonc tion du comme un frein. L'appareil ne fonctionnait pas, il y avait les parachutes de réserve, à commande manuelle, qui bien sûr, ne fonctionnaient pas correctement.

Vladimir Komarov est mort de la collision de l'engin sur le sol, à une vitesse de 140 km / h suivi d'un grand ex plosion. Sur les lieux de l'accident, il y a un parc et un buste de l'astronaute, pour que tout le monde se souvienne de ce jour-là, pour que tout le monde se souvienne de Vladimir Komarov, qui serait le premier à changer de navire au milieu de l'espace extra-atmosphérique, mais il a été le premier homme à subir un crash lors d'un vol spatial dans l'histoire universelle.

Malgré leur incapacité à atteindre la Lune, les Soyouz ont été reprogrammés pour servir de véhicule de transport pour les stations spatiales Salyut, Mir et la Station spatiale internationale (ISS).

Bien qu'il ait subi une autre tragédie en 1971 avec le Soyouz 11 et subi d'autres problèmes tels que des avortements non mortels de lancements et des accidents à certains atterrissages, le Soyouz est devenu le système de transport spatial habité le plus durable et le plus fiable jamais conçu.

Jusqu'à la fin de 1968, les Soviétiques et les Américains ont repensé leurs vaisseaux spatiaux, mais maintenant ils implorent de réfléchir un peu plus aux systèmes qui protégeraient la vie de leurs héros spatiaux. Il ne s'agissait pas seulement de prendre le contrôle du Cosmos, mais de respecter la vie des hommes qui y mettraient les pieds.

Partie 4 - Le vol le plus audacieux de l'homme

« Je crois que cette nation devrait s'engager à atteindre l'objectif, avant la fin de cette décennie, d'atterrir un homme sur la lune et de le ramener en toute sécurité sur Terre. Aucun projet spatial à cette période ne sera plus impressionnant pour l'humanité, ni plus important pour l'exploration spatiale sur de longues distances; et aucun ne sera aussi difficile ou coûteux à réaliser. Nous proposons d'accélérer le développement du vaisseau spatial lunaire approprié. Nous proposons de développer des fusées alternatives à combustible solide et liquide, beaucoup plus grandes que celles qui sont en cours de développement, jusqu'à ce que nous prenions le dessus. Nous proposons des fonds supplémentaires pour d'autres développements de moteurs et pour des explorations sans pilote, qui sont particulièrement importants dans le but que cette nation ne laissera jamais passer : la survie de l'homme qui a effectué le premier ce vol audacieux, mais de manière très être une maison qui ira sur la Lune. Si nous prononçons ce jugement par l'affirmative, ce sera une nation entière, car nous devons tous travailler pour le mettre là-bas.

    C'était le discours prononcé par John Fitzgerald Kennedy, le 25 mai 1961, devant le Congrès des États-Unis. Il pensait qu'il était dans l'intérêt national de la supériorité américaine sur les autres nations et, à son avis, il était intolérable que l'Union soviétique soit davantage avancée dans la course à l'espace.

    Le programme Apollo était le nom de l'effort pour mettre l'homme sur la lune. L'équipe a été annoncée le 20 novembre 1967.

Le commandant serait Neil Alden Armstrong (1930 - 2012). Le pilote du module de commande serait Michael Collins (1930), et le pilote du module lunaire serait Edwin Eugène Aldrin Jr. (1930).

Le 16 juillet 1969 à 13h32m, la fusée Saturn V est lancée. Douze minutes plus tard, il est entré en orbite, à une altitude de 185,9 sur 183,2 km. A 16h22m, le moteur du troisième étage S-1VB fait une brûlure par injection translunaire (une manœuvre orbitale, qui serait chargée de placer la sonde dans la trajectoire de la Lune.

À 17 h 21, Apollo 11 est passé derrière la lune. C'est à ce moment que le navire a démarré son moteur pour entrer en orbite lunaire. Après 20 orbites, l'équipage a observé le site d'atterrissage de ses propres yeux.

20 juillet, à 12 h52. Armstrong et Aldrin rejoignent Eagle, commençant les préparatifs pour la descente vers le sol lunaire. À 17 h 44, la capsule Eagle s'est séparée de Columbia. Michael Collins est resté seul à Columbia et il était chargé d'inspecter Eagle. C'est à ce moment que Neil

Armstrong s'est exclamé : "L'Aigle a des ailes !"

Dimanche 20 juillet 1969, 20h17. Eagle lança et ils durent trouver un nom pour cela : l'alussination, l'alunissage. Armstrong a souligné : « Houston, c'est la base de la tranquillité. La Eagle (l'aigle) a atterri ! »

02h39 La trappe a été ouverte et les hommes peuvent partir. En fait, Neil Armstrong a du mal à traverser la trappe avec son système de survie portable. À 2 h 51, il a commencé à descendre vers la surface lunaire. Plus de 600 millions de personnes dans le monde regardaient ce moment à la télévision. Il a collecté des échantillons, lorsque Buzz Aldrin l'a rejoint sur la surface lunaire, a commenté :

« Magnifique désolation ! »

Ces hommes faisaient l'histoire, ils faisaient l'histoire. Le moment prévu était venu : Neil Armstrong a pris un drapeau et l'a collé à deux pouces dans le sol lunaire. Et puis il a reçu ce que l'on a appelé l'appel téléphonique historique avec le 37 e président américain de l'époque, Richard Milhous Nixon :

« Nixon : Bonjour, Neil et Buzz. Je vous parle par téléphone depuis le bureau ovale de la Maison Blanche. Et cela doit sûrement être l'appel téléphonique le plus historique jamais passé. Je ne peux pas vous dire à quel point nous sommes fiers de ce que vous avez fait. Pour chaque Américain, ce doit être le jour le plus fier de sa vie. Et pour tous les peuples du monde, je suis sûr qu'ils se joindront également aux Américains en reconnaissance de l'énorme réalisation que cela représente. À cause de ce que vous avez fait, les cieux sont devenus une partie du monde des hommes. Et pendant que vous parlez-nous de la mer de tranquillité, ce qui nous incite à redoubler d'efforts pour apporter paix et tranquillité à la Terre. Pour un moment inestimable de toute l'histoire de l'homme, tous les peuples de cette Terre sont vraiment un : un dans leur fierté de ce que vous avez fait et un dans nos prières pour qu'ils reviennent sains et saufs sur Terre.

Armstrong : Merci, monsieur le président. C'est un grand honneur et un privilège pour nous d'être ici, représentant non seulement les États-Unis, mais des hommes de paix de toutes les nations, avec intérêt et curiosité, et des hommes avec une vision pour l'avenir. C'est un honneur pour nous de pouvoir participer aujourd'hui et ici. »

    Mais le moment encore plus historique était encore à venir, le moment qui marquerait une fois pour toutes la souveraineté des États-Unis sur les autres nations, qui déclarerait que les Américains avaient gagné la course à l'espace : Neil Armstrong est allé sur le navire et a découvert une plaque à l'étape de descente du module lunaire. Cette plaque contenait deux dessins de la planète Terre (les deux hémisphères), les signatures des trois astronautes, par le président Nixon, ainsi qu'un insigne qui disait : « HERE MEN FROM THE PLANET EARTH FIRST SET FOOT UPON THE MOON JULY 1969 A.D. WE CAME IN PEACE FOR ALL MANKIND. » Armstrong décrit à quoi ressemble le sol de la lune et, en marchant, déclare : "Un petit pas pour moi, un grand saut pour l'humanité."

Le retour à la maison a été un succès, presque comme l'avait prédit Jules Verne. L'objectif fixé par John Fitzgerald Kennedy au début de la décennie est atteint.

Beaucoup de choses que nous utilisons aujourd'hui n'ont été inventées que pour aider les astronautes dans leur voyage à travers le cosmos. Très probablement, le smartphone que vous utilisez a plus de technologie que l'ensemble du module lunaire, qui avait 2 ko de RAM. Voyons maintenant la technologie que nous utilisons aujourd'hui à cause de ce voyage, et il y a des gens qui disent que c'était idiot pour l'homme d'aller au Lune.

Pour que le vol ne soit plus un désastre pour la NASA, ils ont décidé d'essayer d'éviter autant que possible les erreurs humaines. Ainsi, la NASA a embauché Draper Laboratories pour construire un système de guidage informatisé et s'est appuyée sur un logiciel pour stocker de grandes quantités de données.

Le critère de conservation des aliments que nous avons aujourd'hui est lié à Apollo 11, car lors de longues missions, les astronautes devaient recevoir les types de nourriture les plus variés.

Lorsque les coureurs de marathon terminent leur course, l'y sont enveloppés dans une couverture d'argent, e est de même lorsque quelqu'un a un accident. Cela a été créé pour que les astronautes ne ressentent pas le changement radical de température ; qui se produit souvent en dehors de l'atmosphère.

Aujourd'hui, nous avons l'habitude d'arriver dans un établissement et d'être pris à la température avec un compteur infrarouge et cela n'est possible que parce que les astronomes avaient besoin de mesurer les vagues de chaleur de la planète.

Qu'en est-il des chaînes stéréo HI-FI que nous utilisons dans nos maisons ? C'est à cause de la technologie qu'Armstrong a utilisée pour forer les pierres dans le sol lunaire. Qu'en est-il des lentilles de contact qui rendent de nombreux jeunes beaux et aident les autres à voir ? Ils ont été créés pour que les yeux des astronautes ne souffrent pas de la lumière ultraviolette.

Après la perte de la vie des astronautes en 1967, ils étaient soucieux de garder un œil sur leur santé 24 heures sur 24, dans l'espace. C'est pourquoi des moniteurs cardiaques ont été créés, comme ce que l'on voit dans les hôpitaux.

Beaucoup de choses que nous utilisons aujourd'hui, les progrès technologiques que nous avons peuvent, dans la plupart des cas, être consacrés aux efforts que les Américains ont dû déployer pour placer un homme dans l'espace. Le GPS, Google Earth, le système de surveillance par caméra ne sont que des exemples supplémentaires du fait qu'une grande partie de ce que nous utilisons provient de la NASA.

Comme prévu, la course spaciale ne s'est pas arrêtée avec l'arrivée de l'homme sur la Lune, ni même la guerre froide (qui n'a pris fin qu'en 1975). Même si cela a pris fin, dans les années 1980 , des technologies ont été développées, en particulier les armes spatiales. Et en tant qu'arme spatiale, nous entendons tout objet qui se trouve dans ou mord avec une cible à la surface ou qui se trouve à la surface avec une cible en orbite. C'est pendant le mandat de Ronald Regan que les États-Unis ont conçu un projet qui est devenu populairement connu sous le nom de « Star Wars », mais le nom était SDI- Strategic Defence Initiat ive, ou Strategic Defence Initiative. Le système SDI était principalement composé d'un réseau de satellites armés, capables de détecter et d'abattre, depuis l'espace, des missiles balistiques intercontinentaux, équipés d'ogives nucléaires. S'il entrait en opération, le SDI annulerait la puissance offensive de n'importe quel pays, y compris l'URSS. En réponse, l'ère Gorbatchev a créé le Polyus, une arme spatiale équipée de canons nucléaires et d'un canon laser, capable d'attaquer des cibles sur Terre et d'abattre des tellites SDI. Cependant, au mois de sa sortie, en mai 1987, Polyus est tombé dans l'océan et le programme a été annulé. Le programme SDI n'est jamais devenu opérationnel. À l'époque Bush, il a été rebaptisé Missile Shield, mais c'est Barack Obama qui l'a annulé à jamais.

Partie 5 - Sondes spatiales

Quand nous regardons en arrière et voyons l'arrivée de l'homme sur la Lune, nous pensons certainement que c'est une grande prouesse technologique ; et est. Cependant, plus ingénieuses que cela, étaient les missions sans pilote. Nous devons nous souvenir d'eux et leur donner du crédit, après tout, les plus grandes découvertes scientifiques ont été faites par eux.

La première sonde spatiale a été lancée par les Soviétiques en 1959, appelée Lunik II, qui est devenue la première à tomber sur l'orbite du Soleil. Après cela, plusieurs sondes ont été lancées, non seulement pour la Lune, mais aussi pour d'autres planètes, non seulement envoyées par l'Union soviétique, mais aussi par les Américains.

Faites-nous savoir maintenant, l'histoire des sondes spatiales les plus célèbres.

Programme Mariner

Le programme Mariner a été développé par la NASA dans le but d'explorer les planètes Mercure, Vénus et Mars. Cinq missions étaient prévues, avec l'utilisation de 10 sondes.

La première mission réussie fut Mariner 2, qui fut lancée en 1962. Elle passa près de Vénus et obtint des données sur les conditions atmosphériques de cette planète.

Mariner 4 a été lancé en 1964, et c'est elle qui a envoyé les premières photos de Mars. Mariner 10 a visité Mercure et c'est en 1973 que nous avons eu les premières informations sur la planète la plus proche du Soleil. Mariner 9 a été celle qui a révélé les découvertes les plus importantes sur la planète rouge : elle a photographié un volcan de 2 à 7 kilomètres de haut, appelé le mont Olympe, en l'honneur de la mythologie grecque, qui selon eux était le plus haut endroit de l'univers, la maison des dieux. En 1985, les scientifiques de la NASA ont révélé la grande possibilité de l'eau sous forme liquide et en grande quantité dans le sous-sol de Mars. Mariner 9 a également photographié les calottes glaciaires aux pôles martiens, l'eau a été gelée dans une couche de glace CO_2 connue sous le nom de neige carbonique.

La série Mission Mariner

Mariner 1 - 22/07/1962 - mission programmée pour aller à Vénus, mais en raison d'une déviation de l'itinéraire, l'autodestruction a été ordonnée, qui s'est produite seulement 293 secondes après le lancement.

Mariner 2 a - 27/08/1962 - Le de la pacecraft a passé les 35.000 km de Vénus le 14 Décembre 1962 et a envoyé des informations précieuses sur la planète.

Mariner 3 - 11/5/1964 - Sonde identique à la sonde Mariner 4, et les deux sont devenues connues sous le nom de Mariner-Mars. La neige est passée à 9 920 kilomètres de Mars : la surface martienne a été photographiée 22 fois par Mariner 4.

Mariner 5 - 14/06/1967 - Le 19 octobre 1967, Mariner 5 a survolé Vénus, collectant et transmettant 8 informations.

Mariner 6 - Cette sonde spatiale a dépassé Mars le 31 juillet 1969, prenant des photos et analysant les données de pression atmosphérique.

Mariner 7 - 27/03/1969 - Malgré le même objectif que Mariner 6, Mariner 7 a profité d'être le deuxième à arriver sur Mars. Les scientifiques ont pu utiliser le système de commande reprogrammable du vaisseau spatial pour l'instruire de prendre des photos supplémentaires du pôle sud martien, ce qui a suscité son intérêt lors du survol du Mariner 6. Une photo montrait même la lune irrégulière de Mars, Phobos.

Mariner 8 - 18/05/1971 - En raison d'un défaut du lanceur, le Mariner 8 n'a pas atteint l'orbite de la Terre et s'est écrasé dans l'océan Atlantique peu de temps après son lancement.

Mariner 9 - 30/05/1971 - Après 167 jours de voyage, il entre sur l'orbite de Mars et photographie une tempête de sable, découvre des volcans, des canaux et des vallées, qui porte le nom de Valles Marines, qui est en l'honneur du programme. Il a également photographié Phobos et Deimos.

Mariner 10 - 03/11/1973 - Mariner 10 a été le premier à faire beaucoup: il a été la première sonde à utiliser la théorie de l'accélération gravitationnelle (qui postule l'idée de l'utilisation de la force gravitationnelle d'un corps céleste à la navigation de l'aide) , elle a utilisé la planète Vénus pour atteindre Mercure. Mariner 10 était également la première sonde à atteindre Mercure et le 18 mars 2011, elle était la seule à avoir visité cette planète. De plus, elle a envoyé des détails sur la planète Vénus et la comète Kohoutek.

Le programme Pionneer

Le programme Pioneer a été développé en Amérique du Nord pour l'exploration planétaire sans pilote. Cependant, ce programme était marqué par le nombre d'erreurs qu'il avait. Le nom de Pioneer a été donné pour réaffirmer l'esprit pionnier des Américains dans l'espace.

Pioneer 0 - 17 août 1958 - C'était censé être Pioneer I, mais en raison d'un défaut 77 secondes après le lancement, il a été détruit et ils ne l'ont pas appelé ainsi.

Pioneer 1 - 10/11/1958 - C'était le premier vaisseau spatial lancé par la NASA, car avant il portait le nom de NACA (National Advisory Committee for Aeronautics). Il serait utilisé pour orbiter autour de la Lune, mais à cause d'une erreur au moment du lancement, il n'y est jamais arrivé.

Pioneer 2 - 08/11/1958 - Cette mission était la dernière sonde Pioneer lancée par la fusée Thor-Able. En raison d'un problème dans le troisième étage du lanceur, la sonde a atteint 1550 km d'altitude, est revenue dans l'atmosphère et s'est détruite.

Pioneer 3 - 06/12/1958 - C'était la première sonde à utiliser la fusée Juno. Cependant, lorsqu'il a atteint une altitude de 102 360 km d'altitude, il a eu une panne dans le premier étage du lanceur et est rentré dans l'atmosphère, mettant fin à la mission avec un statut d'échec.

Cependant, Pioneer 3 a collecté des informations importantes sur la ceinture de Van Allen, qui est une région où divers phénomènes se produisent dans l'atmosphère terrestre, en raison de la forte concentration de particules dans le champ magnétique terrestre.

Pioneer 4 - 2/02/1959 - Il s'agit de la première mission américaine sans pilote à réussir. Il a dépassé 58 983 km de la surface lunaire, cette distance n'a pas activé le capteur photoélectrique dont il était équipé, ce qui a empêché la réalisation des expériences Pioneer 4. En mars 1959, la sonde est entrée sur l'orbite du Soleil et est devenue la première à atteindre la vitesse de fuite de la Terre, qui est la vitesse minimale dont tout objet sans propulsion a besoin pour échapper à l'attraction gravitationnelle.

Pioneer P-1 - 24/09/1959 - C'était une mission qui a encore échoué sur le groupe. Le lanceur a explosé son premier étage alors qu'il était toujours sur la rampe de lancement. Comme il s'agissait encore d'un test statique (lors du test des moteurs avec la fusée à l'arrêt), le deuxième étage et la charge utile n'étaient pas présents dans le test, ils étaient donc sûrs.

P-3 Pioneer, Pioneer ou X - 26/11/1959 - Cette tâche a également échoué car, après 45 secondes de lancement, la coque en fibre de verre protégeant la charge utile s'est rompue, exposant la charge utile. La communication avec les étages a été perdue et le navire, après 104 secondes de son lancement, a été perdu.

Pioneer 5 - 11/03/1960 - Ce fut la seule sonde du programme Pioneer lancé par la fusée Able à réussir. La sonde a confirmé la présence du champ magnétique interplanétaire.

Pioneer P-30 ou Pioneer Y - 25/09/1960 - Le Pioneer P-30 a également été l'une des sondes qui n'ont pas réussi, comme la plupart. La première étape a fonctionné de manière satisfaisante ; le deuxième étage n'a pas atteint la force de flottabilité nécessaire. Ainsi, la charge utile n'a pas atteint l'orbite et est revenue dans l'atmosphère.

Pioneer P-31 - Pioneer Z - 15/12/1960 - Inutile de dire que cette mission s'est terminée avec un statut d'échec. Le lanceur a explosé 68 secondes seulement après le lancement.

Les missions des pionniers se sont arrêtées en 1960, mais en 1965, le programme a repris pour l'étude du système solaire interne. Les pionniers 6, 7, 8 et 9 sont en orbite lunaire. Seul Pioneer 10, ou Pioneer E a eu un problème lors de son lancement en août 1969, et a été perdu.

Pioneer 10 - 03/02/1972 - Pioneer 10 a été conçu pour étudier la planète Jupiter. Il a atteint une vitesse de 5 680 km / h, la vitesse la plus élevée jamais atteinte par tout artefact artificiel. Le 6 novembre 1973, Pioneer 10 a commencé à capturer des images de test et le 30 décembre de cette année-là, il s'est approché de 130 000 km de la surface de Jupiter. En raison de l'accélération gravitationnelle, la sonde atteint une vitesse de 132 000 km / h.

Après les différentes photographies prises par Pioneer 10 et après avoir passé quelques heures sans contact avec la Terre, elle est réapparue. Elle s'était cachée derrière la planète. Maintenant, il est sur une trajectoire hors du système solaire. En 1976, il est passé par Saturne, en 1980 par l'orbite d'Uranus et en 1983 par l'orbite de Pluton. En 2003, Pioneer 10 a envoyé son dernier signal. Jusque-là, il a continué à envoyer des informations sur le système solaire externe. Pioneer 10 porte une plaque d'or, gravée de l'image humaine, au cas où elle serait interceptée par des êtres extraterrestres.

Pioneer 11 - 04/04/1973

Comme le Pioneer 10, il possède une plaque en or gravée à l'image humaine. Entre les orbites de Mars et Jupiter, il y a une bande remplie d'astéroïdes, appelée la ceinture d'astéroïdes, les deux Pioneer 10 et 11 l'ont traversée sans problème, même si le taux de collision était de 9 : 1. Le 1er septembre 1979, Pioneer 11 fait les premières photographies à distance de marche de Saturne, où vous pourrez découvrir les 9èmes lunes et anneaux. Après cela, Pioneer 11 a suivi sa route hors du système solaire et sur son chemin vers l'inconnu, il étudiait le vent solaire.

En mai 2010, le vaisseau spatial Pioneer 11 était à une distance de 80 unités astronomiques du Soleil, dans la constellation Scutum. Pour avoir une idée, seulement 14.00 ans ou plus, la sonde passera le nuage d'Oort et, si rien dégât es d'ici là, il sera totalement libre de l'influence du Soleil

Pioneer H ou Pioneer 12 - Cette sonde devait être lancée en 1974, mais lors de son lancement, elle a été annulée. Après l'annulation de Pioneer H, la NASA a travaillé sur un nouveau projet , appelé Pioneer Venus Project, et a été lancé en deux étapes: Pioneer Venus Orbi ter et Pioneer Venus Multiprobe.

Le Pioneer Venus Orbiter, ou Pioneer 12 a été lancé le 20 mai 1978. Après avoir voyagé six mois et deux semaines, la sonde a atteint Vénus le 4 décembre 1978 le 4 décembre 1978. En orbite autour de la planète Vénus, le Pioneer 12 était capable d'observer la comète Halley, alors qu'il était encore impossible d'observer depuis la Terre; Ce qui ne s'est produit qu'en février 1986.

Pioneer 12 a envoyé des informations très importantes sur la planète Vénus e. en mai 1992, le carburant de la sonde s'est épuisé et son orbite a progressivement décliné, jusqu'au 8 octobre 1992, et ses derniers signaux sont arrivés à 19h22 UTC. Après 14 ans, quatre mois et 18 jours, le 22 octobre 1992, Pioneer 12 s'est désintégré en entrant dans l'atmosphère de Vénus.

Pioneer Venus 2 ou Pioneer 13.

Lancé le 8 août 1978, le vaisseau spatial est arrivé sur Vénus le 9 décembre 1978. Pioneer 13 emportait avec lui quatre sondes plus petites, nommées Right, Day, North et Large, toutes deux destinées à étudier l'atmosphère de Vénus. Les deux ont fait leur devoir, mais la sonde Day a continué à envoyer des données de Vénus pendant 67 minutes après mon entrée dans l'atmosphère.

Le programme Voyager

Les canettes américaines sont également responsables du programme Voyager, devenu très célèbre après le film Star Trek: le film, qui raconte l'histoire d'une civilisation numérique fondée par Voyager 6 (jamais sortie), qui recherche inlassablement la connaissance et son créateur. .

Voyager 1

Voyager 1 a été lancé le Septembre 5, 1977 et a été conçu pour collecter des données de Jupiter et Saturne. Le 4 janvier 2021, Voyager 1 a terminé 43 ans, 4 mois et 9 jours de fonctionnement (au moment où j'écris ceci), transmettant toujours des données vers la Terre. Le 26 juin 2013, la NASA a confirmé l'information selon laquelle Voyager 1 était, pour la première fois de l'histoire, le premier objet artificiel à pénétrer dans l'espace interstellaire. Il n'a même pas quitté le système solaire, cependant, il se trouve déjà dans un espace appelé autoroute magnétique, où il est influencé par d'autres étoiles de la Voie lactée.

Voyager 1 porte avec lui un message de l'humanité pour un sauvetage probable par une autre civilisation extrasolaire. La sonde Pioneer portait des plaques d'or gravées d'inscriptions de l'humanité. Cependant, les deux Voyageurs emportent un peu plus d'informations avec eux. Les navires transportent un disque phonographique de 12 pouces en cuivre et plaqué or. Ce disque prend 115 photos de la terre et divers sons et un manuel sur la façon de l'utiliser.

Voyager 2

Voyager 2 a été lancé le 20 août 1977. Le 9 juillet de la même année, le vaisseau spatial s'est approché de Jupiter à une distance de 570 000 kilomètres. Elle a découvert des anneaux autour de cette planète, ainsi qu'une activité volcanique sur Io, sur l'une de ses lunes. Voyager 2 a également découvert de nouveaux satellites : Adrastea, Métis et Tebe. Le 25 janvier 1981, Voyager 2 s'approche de Saturne et réalise de belles images.

Le 24 janvier 1986, Voyager 2 est arrivé à Uranus et là la sonde a découvert plusieurs satellites : Cordélia, Ophélia, Bianca, Cressida, Desdemona, Juliet, Portia, Rosalinda, Belinda et Puck; ainsi qu'un mince anneau autour de cette planète. C'est Voyager 2 qui a découvert que, contrairement à toutes les planètes du système solaire, le pôle sud d'Uranus fait toujours face au Soleil.

En août 1989, Voyager 2 est arrivé à Neptune, a pris plusieurs photos et a recherché son satellite naturel, Triton. Après avoir passé e rugueux de Pluton orbite, la sonde a continué son chemin dans l'inconnu. À plus de 18,7 milliards de kilomètres de la Terre, et en s'éloignant de plus en plus, Voyager 2 a pu recevoir un signal de la Terre et le renvoyer après 17h24.

Comme Voyager 1, Voyager 2 possède un disque phonographique d'or intitulé « Chants de la Terre», avec 1h30 de musique et quelques sons de notre planète. Le disque porte l'inscription : « pour les créateurs de musique de tous les mondes et de tous les temps » (pour les producteurs de musique de tous les mondes et de tous les temps). Bien sûr, le disque contient l'une des symphonies de Beethoven.

Le programme Viking

Également créé par les Américains, le programme Viking était une paire de sondes envoyées sur Mars.

Viking 1

Ce vaisseau spatial a été lancé le 20 août 1975. Le 9 juin 1976, le vaisseau spatial est entré en orbite autour de la planète rouge. Lorsque le navire est arrivé à l'endroit prévu, on a vu que l'endroit destiné au débarquement était trop rocheux et difficile à atterrir. L'atterrissage, prévu pour le 4 juillet 1976, a dû être reporté et le 20 juillet de cette année-là, à 28 kilomètres du lieu prévu, le Viking 1 a atterri à 11h53min UTC; l'endroit est devenu connu sous le nom de Chryse Planitia.

Le 11 novembre 1982, le navire a cessé de fonctionner lorsqu'une commande a été envoyée de la Terre, entraînant une perte de communication.

Viking 2

La sonde a été lancée le 9 septembre 1975. Avant d'entrer sur l'orbite de Mars, la sonde envoyait déjà des images de la planète.

Le 3 septembre 1976, le navire a atterri à Utopia Planitia à 22 h 37 UTC, mais comme Viking 1, Viking 2 n'a pas duré longtemps et le 11 avril 1980, ses batteries ont échoué et ont été perdues, en cas de contact avec la terre.

Mars Pathfinder

Le Mars Pathfinder était une sonde qui a été lancée le 4 décembre et a atterri sur Mars le 4 juillet 1997, à Ares Vallis, elle transportait un rover d'exploration. Mars Pathfinder a innové dans la manière dont les robots robotiques devaient être livrés à d'autres planètes. La sonde a également renvoyé une quantité sans précédent de données sur la planète rouge.

Le prob spatial Galileo e

Nommé d'après le scientifique et astronome italien Galileo Galilei, qui était un observateur des lunes de Jupiter, les quatre plus grandes sont classées comme des lunes de Galilée (Europe, Io, Calisto et Ganymède, tous deux découverts par lui). Lancé le 18 octobre 1989, il est entré sur l'orbite de Jupiter le 7 décembre 1995. Galileo a été le premier à lancer une sonde sur la planète, qui a transmis des données de son atmosphère lors de sa descente et a été détruite par la pression et la chaleur.

La sonde est restée en orbite autour de la planète, étudiant le plateau et ses lunes pendant 14 ans, jusqu'au 21 avril 2003, la mission s'est terminée et la NASA a décidé de lancer le vaisseau spatial dans l'atmosphère de Jupiter. Selon les données transmises par Galileo, on pense que la lune Europa abrite un océan sous la croûte de glace, et que dans cet océan il peut y avoir un certain type de vie ; après tout, la chaleur nécessaire ne proviendrait pas du soleil, mais de l'activité volcanique au cœur de la lune. C'est pourquoi Galilée a été jeté sur Jupiter, afin qu'il ne « pollue » pas et ne contamine aucun type de vie qu'il pourrait y contenir.

Cassini-Huygens

La mission spatiale sans pilote Cassini-Huygens qui a été envoyée sur la planète Saturne. Ce n'était pas seulement un projet américain, mais un projet porté conjointement par la NASA, l'ESA (Agence spatiale européenne) et l'AZI (Agenzia Zpazialle Italiana). Il a été lancé le 15 octobre 1997 et est entré sur l'orbite de Saturne le 1er juillet 2004 et a fonctionné jusqu'au 15 septembre 2017.

Le vaisseau spatial a été nommé d'après l'astronome et mathématicien franco-italien Giovanni Cassini, qui a découvert plusieurs satellites sur Saturne et plusieurs anneaux sur la planète. Le nom utilise également le nom de l'astronome et physicien néerlandais Cristiaan Huygens, qui a découvert Titan en 1655, le plus grand satellite de Saturne.

Cassini était responsable de la découverte qu'il pleut des diamants sur Jupiter et Saturne, à cause de la concentration de carbone. Cependant, cet affichage astronomique se termine avant qu'il n'atteigne la surface : à cause des températures élevées et de la concentration de méthane, les diamants, qui peuvent atteindre jusqu'à 10 centimètres, finissent par se dissoudre.

En 2004, les deux engins spatiaux se sont détachés et l'engin spatial Cassini a commencé son voyage pour atterrir sur Titan, qui a eu lieu le 14 janvier 2005. Il s'agissait du premier atterrissage d'un vaisseau spatial sur un satellite autre que le nôtre. Avec cet atterrissage, il s'est avéré qu'il pleuvait du méthane là-bas.

Partie 6 - Espace Station

C'est Hermann Oberth qui, en 1923, a inventé l'expression « station spatiale ». Il l'a créé alors qu'il développait une structure qui servirait de point de départ pour des voyages sur la Lune ou sur Mars.

Skylab

Skylab - Sky Laboratories (une traduction signifie littéralement laboratoire du ciel) - a été lancé le 14 mai 1973 par les Américains, et était en orbite autour de la Terre à une altitude de 435 kilomètres.

Le nom Skylab définit également la mission qui a conduit les astronautes à travailler dans l'espace pour mettre Skylab en service.

Cependant, en 1979, la structure entière est rentrée dans l'atmosphère prématurément, mettant fin aux efforts américains pour occuper l'espace de façon permanente.

La station spatiale Mir

Le nom Mir (Мир) , peut venir signifier la paix ou le monde et a été l'expérience la plus réussie d'occupation permanente de l'espace. Il a fonctionné de 1986 à 2001. Il a commencé comme la propriété de l'Union soviétique et lorsque le communisme est tombé, Mir est devenu la propriété de la Russie.

Au 21 mars 2001, c'était le plus gros satellite en orbite, jusqu'à ce qu'il soit remplacé par la Station spatiale internationale, l'ISS.

L'ISS a commencé à être construit en 1988, et a été officiellement achevé le 8 juillet 2011, a même commencé à fonctionner avant son achèvement.

Partie 6 - Les yeux de l'homme dans l'espace

D'un point de vue unique, les télescopes spatiaux ont aidé l'humanité à changer sa compréhension de l'espace. Les télescopes spatiaux sont des outils très puissants par rapport à l'observation du cosmos, car ils effectuent des observations astronomiques qui seraient pratiquement impossibles si elles étaient effectuées à la surface de la Terre. Parlons maintenant des plus importants.

Observatoire spatial Herschel

Il s'agissait d'une sonde lancée le 14 mai 2009 par l'ESA. Son premier nom était Firts - Télescope infrarouge lointain et submillimétrique, ce qui signifie télescope infrarouge de longueur d'onde submillimétrique.

Ce télescope a été le premier à couvrir la gamme infrarouge à la gamme submillimétrique du spectre électromagnétique (gamme complète de toutes les fréquences de rayonnement électromagnétique possibles).

L'observatoire spatial Herschel pesait environ 3,25 tonnes , 9 mètres de haut et 4,3 mètres de large. Le miroir était en carbure siliconé. Le télescope a été nommé d'après l'astronome britannique William Herschel, qui en 1800 a découvert l'existence d'une bande dans le spectre électromagnétique qui était en dehors de la lumière visible, et qui est devenue plus tard connue sous le nom d'infrarouge.

Le télescope spatial Herschel était le télescope infrarouge le plus puissant jamais lancé. Nous détaillerons ici ses découvertes surprenantes :

- Oxygène dans l'espace
- Pluie sur Saturne
- Approche de l'astéroïde Apophis
- Ceinture d'astéroïdes dans les étoiles
- Choc des galaxies
- Anneaux de poussière à Andromède
- Une étoile peut générer 50 planètes comme Jupiter
- Star Factory
- Naissance d'étoiles massives

Le télescope a fonctionné jusqu'au 29 avril 2013. Les télescopes qui utilisent des équipements pour détecter le spectre infrarouge à longue distance ont besoin d'hélium liquide pour refroidir leur équipement d'observation. En ce jour - là, le liquide refroidi le télescope a manqué et il a surchauffé , mais la NASA déjà prévu cela.

OSSI Espace Telescope

L'ISO (Infrared Space Observatory) , était un télescope spatial pour les observations pour les observations infrarouges. Ce télescope filaire a été lancé en 1995, mais sa planification a commencé beaucoup plus tôt, en 1979. Il est resté opérationnel jusqu'en 1998, restant 8 mois de plus que prévu dans l'espace.

SOHO

L' Observatoire solaire et héliosphérique a été lancé le 2 décembre 1995, et sa conception était un joint entre l'ESA et la NASA, et son but était d' étudier le soleil, aujourd'hui la sonde continue d'envoyer des informations sur l'activité solaire ; mais au cours de sa mission, SOHO a fini par devenir le plus grand chercheur de comètes de toute l'histoire de l'humanité.

SOHO a été responsable de la découverte de plus de 4000 comètes, au cours de ses 25 ans d'histoire. La dernière comète a été surnommée SOHO-4000, elle était si faible près du Soleil que SOHO était le seul télescope qui l'a repérée, et ici sur Terre, elle était invisible.

TÉLESCOPE SPITZER SPACE

Initialement, il s'appelait le Stirf, qui signifiait Space Infrared Telescope Facility, mais son nom a été changé pour honorer le célèbre astrophysicien américain Lyman Spitzer, qui a été le premier à suggérer que les télescopes soient placés dans l'espace et a fait plusieurs croquis pour le développement de Hubble. . Le télescope Spitzer a été lancé le 25 août 2003.

Le Spi tzer a capturé des images et des spectres obtenus à partir de la détection du rayonnement thermique infrarouge. En raison de l'atmosphère terrestre, ce type de rayonnement ne peut pas être détecté et Spitzer était chargé de photographier des régions de l'espace jamais capturées par des télescopes terrestres. Ce télescope a fait d'incroyables découvertes, notamment:

- La première carte météorologique d'une exoplanète;
- Berceau caché des étoiles nouveau-nées;
- Une collection croissante de galaxies;
- Le plus grand anneau de Saturne;
- "Buckyballs" dans l'espace;
- Collisions de systèmes planétaires;
- Le premier télescope à identifier directement les molécules dans l'atmosphère des exoplanètes;
- Trous noirs lointains;
- L'exoplanète la plus éloignée;
- Lumière directe depuis un exop lanet;

- Détection de petits astéroïdes
- Une carte inédite de la Voie lactée;
- Big baby galaxies;
- Sept exoplanètes comme la Terre, autour d'une seule étoile.

Ce télescope a été créé pour obtenir des informations de l'espace afin de comprendre les origines de l' Univers, comment les étoiles et les galaxies se sont formées. Le 30 janvier 2020, il a pris sa retraite.

TÉLESCOPE CHANDRA SPACE

L'observatoire spatial à rayons X Chandra a été lancé le 23 juillet 1999 et porte le nom du physicien indien Subramanyan Chandrasekhar , et c'est le télescope à rayons X le plus puissant jamais lancé. Regardons leurs principales conclusions:

- Un anneau lumineux autour du pulsar principal de la nébuleuse du crabe;
- La supernova la plus brillante jamais vue, un type de supernova prédit auparavant, mais confirmé avec cette photo;
- La vitesse du Cygnus X-1;
- Confirmation de l'énergie noire.

LE TÉLESCOPE SPATIAL HUBBLE

Le télescope spatial Hubble a été lancé le 24 avril 1990, mais son histoire commence en 1946, l'année où l'initiative de sa création a commencé. Sur son chemin, Hubble a connu plusieurs problèmes, tels que le budget et les retards . L'année de son lancement, le télescope a montré une aberration sphérique dans le miroir, ce qui a semblé détruire les milliards de dollars investis dans le projet. En 1993, une mission spatiale habitée a été conçue pour réparer l'équipement, ce qui a permis de le faire fonctionner comme prévu.

Son nom vient en l'honneur de l'astronome Edwin Powell Hubble, qui a identifié que la vitesse à laquelle les galaxies s'éloignaient était proportionnelle à leur distance, révolutionnant l'astronomie. Comme l'astronome, le télescope a aussi révolutionné l' astronomie, avec i e toutes ses découvertes, ainsi que fait beaucoup de gens pleurer avec leurs belles images.

Certains anciens problèmes d'astronomie ont été résolus par Hubble, et de nouveaux résultats d'observations ont nécessité de nouvelles technologies et de nouvelles technologies ont nécessité de nouvelles théories pour les expliquer. Hubble a limité la valeur de la constante de Hubble, la mesure de la vitesse à laquelle l'Univers se développe.

En plus d'aider Hubble à affiner les estimations de l'âge de l'Univers, il a également remis en question les théories sur son avenir. Ce qui est indéniable, c'est que les images produites par Hubble sont un héritage unique, les régions les plus éloignées du ciel ont levé leur voile devant les caméras de Hubble, ouvrant une nouvelle fenêtre sur l'univers primordial et découvrant encore plus de choses, comme:

- Le processus violent de naissance d'une étoile;
- Une infinité de trous noirs;
- Une étude détaillée de Jupiter;
- Les plus belles images de l'Univers.

TÉLESCOPE SPATIAL JAMES WEBB

Le télescope spatial James Webb est un projet de mission sans pilote, qui vise à placer un nouveau télescope en orbite, qui à l'avenir remplacera Hubble lorsqu'il prendra sa retraite; probablement en 2022. Il s'agit d'un projet de la NASA en collaboration avec l'ESA.

James Webb devrait observer la formation des premiers ga laxies, voir la production des éléments par les étoiles et voir les processus de formation des étoiles et des planètes.

Jusqu'en 2002, le projet s'appelait Next Generation Space Telescope, avec l'acronyme NGST. Le terme « prochaine génération » fait directement référence au fait qu'il devrait remplacer tous les télescopes.

Cependant, même Hubble a un rival sur terre. Même si vous ne le croyez pas, il existe un super télescope sur Terre qui peut toucher les résultats du télescope spatial.

Cela soulève une question très importante et intéressante. S'il existe un télescope sur Terre capable de capturer des images aussi bonnes que celles de Hubble, pourquoi tous ces efforts pour mettre un télescope en orbite?

Pensez à une situation: imaginez un aquarium et une caméra au fond. Si l'eau est immobile, la photo n'aura pas l'air si belle, et si l'eau bouge, la photo ressemblera à un flou. Dans ce cas, l'aquarium représente la terre et l'eau représente l'atmosphère terrestre.

Au Chili, au milieu du désert aride d'Atacama, se trouvent les puissants télescopes de l'Observatoire européen austral. Le paysage nous rappelle même la planète rouge, totalement torride, aride et rougeâtre. À une altitude de 2600 mètres au-dessus du niveau de la mer, les stronautes peuvent avoir une vue dégagée sur les étoiles. C'est un environnement très spécial pour travailler, l'humidité est inférieure à 10%, c'est-à-dire que si vous restez dehors toute la journée, vous mourez déshydraté rien qu'en respirant.

Dans le désert d'Atacama, les nègres sans lune sont si sombres qu'il est possible de contempler l'ombre elle-même causée par la faible lumière de la Voie lactée. Les énormes télescopes, avec des miroirs de 8 mètres, sont de tailles énormes et quand la nuit tombe , ils émettent des faisceaux laser dans l'atmosphère pour mesurer avec précision les changements, ainsi ils peuvent corriger les imperfections causées par l'atmosphère.

Aujourd'hui, l'Observatoire européen austral est en train de construire ce qui sera le plus grand télescope de la face de la Terre, son miroir mesurera 39 mètres de diamètre.

Comme vous l'avez vu, l'univers a plus que ce que vous voyez. Le spectre magnétique va des rayons gamma aux ondes radio, et pour chaque longueur d'onde, les astronomes ont besoin d'un télescope spécifique.

Dans le plat ô chilien de Chajnantor, à 5000 mètres d'altitude, il se trouve le radiotélescope le plus puissant du monde. Son nom est ALMA et dispose de 60 antennes qui écoutent tout l'espace. Des camions spéciaux transportent les antennes de 12 mètres jusqu'à la position d'observation. Pour y travailler, les techniciens ont besoin d'oxygène artificiel, l'avantage de cette altitude est que presque aucun type de vapeur n'obscurcit la vue vers le haut. Cependant, même le super radiotélescope le plus puissant ne suffit pas pour capturer toutes les données que l'univers nous fournit, et pour cette raison, les astronomes combinent plusieurs radiotélescopes à travers le monde, formant ainsi le télescope Event Horizon.

Dans ce cas, les astronomes convertissent tous les télescopes en un seul récepteur, c'est comme si la planète entière était une seule antenne.

C'est grâce à ce système qu'en 2020, un groupe d'astronomes et d'astronomes a pu, pour la première fois, photographier un trou noir.

Même ainsi, l'atmosphère terrestre sera toujours un problème pour les mesures, car le rayonnement infrarouge est toujours bloqué, et il est particulièrement intéressant pour les astronomes, car il peut surmonter des nuages de poussières intergalactiques. Il voyage alors pendant des milliards d'années et vient à être verrouillé juste à la porte de notre maison.

Tout ce qu'il y a à voir dans l'Univers n'a pas encore été vu, et c'est ce que les astronomes recherchent maintenant.

Partie 7 - La colonisation de Mars

Si on disait il y a 150 ans que nous coloniserions Mars, une telle proposition serait insignifiante. Cependant, aujourd'hui, une telle étude est sérieuse. Pour les astronomes, Mars, après la Terre, serait la planète la plus susceptible d'être habitée, car sa surface ressemble à la Terre, par rapport aux autres planètes du système solaire. Parmi les correspondances, on peut citer :

- Eau à l'état liquide / solide;

- Une atmosphère ténue;

- La journée sur Mars dure en moyenne 24h 39m 35,244;

- L'inclinaison axiale de Mars est de 25,190 et celle de la Terre de 23,44, donc Mars a aussi des stations comme celles de la Terre.

Space X qui crée ses propres lois pour la colonisation éventuelle de Mars. La société du milliardaire Elon Musk veut créer une base habitable d'ici 2050. Selon Musk, Mars devrait être considérée comme un planet libre , et que les lois de la Terre ne devraient pas interférer avec les lois martiennes, qui doivent avoir un gouvernement et son propre code.

L'une des premières questions à se poser: si la vie sur Terre invente des bactéries, qui devrait se rendre en premier sur Mars, l'homme ou les bactéries?

Selon les chercheurs, on pense que les premiers habitants vivants de Mars doivent être des bactéries, des virus et des champignons, où ils doivent catalyser et opérer de nombreux processus biologiques essentiels à la vie et à l'écologie du plan et.

Cependant, selon Michel Mayor, un scientifique qui a découvert en 1995 la première exoplanète, la S1 Pegassi B (cette planète est la 5e année-lumière de la Terre, située dans la constellation de Pégase), également lauréat du prix Nobel de physique 2020 , Maire, il ne croit pas que l'humanité colonisera une planète, pour lui, ce n'est qu'une hallucination.

Cependant, la vision de Michel Mayer est de coloniser une planète en dehors du système solaire, Mars est bien plus proche que cela. Le maire soutient qu'un voyage en dehors du système solaire prendrait beaucoup de temps, un voyage sur Mars ne prendrait que 440 jours, mais c'est le moindre des problèmes. Observez les autres:

En espèces:

Dans les années 1970, la NASA détenait 4,4% du budget fédéral, ce qui est assez différent de 1% à chaque jour . Cependant, il existe des entreprises privées qui envisagent la colonisation de l'espace, comme c'est le cas avec Space X, et cela peut devenir le premier à franchir la ligne d'arrivée, après tout, elles ne dépendent pas du budget public. Cependant, Elon Musk doit sauver sa poche, car un voyage habité sur la planète rouge pourrait facilement dépasser 500 milliards de dollars.

Radiation:

Le rayonnement solaire peut causer de graves problèmes, même sur une courte période de temps. Un aller simple vers Mars pourrait exposer une personne à 15 fois plus de radiations qu'un travailleur d'une centrale nucléaire n'est autorisé à le faire. Un rayonnement excessif peut provoquer le cancer, la démence, une vision altérée et la mort des organes sexuels des organes.

D'une manière générale, et c'est mon avis sans aucune base politique / scientifique, je vois la planète rouge, dans mille ans d'ici, bleue et notre planète aujourd'hui bleue, rouge, détruite, désolée, abandonnée par les riches et peuplée de ceux-là. ici ne peut pas sortir. Il ne sert à rien de penser à la colonisation d'une autre planète, alors que notre planète, notre maison, notre maison est en train d'être détruite. Quel est l'intérêt de déménager dans une maison plus ancienne et de la rénover, tant que vous avez une nouvelle maison, gardez-la simplement? Alors que les gens se battent pour imposer de nouvelles lois pour une planète toujours sans personne, quelle est la situation de notre propre gouvernement? Alors que les riches travaillent à leur exode vers une autre planète, quelle est la situation des moins favorisés?

Nous, êtres humains, traversons un problème socio-économique désastreux : au moment où j'écris ce livre, le monde traverse une grave crise sanitaire, une pandémie mondiale, le Coronavirus. Je voudrais voir les mêmes efforts que je vois pour la colonisation d'un autre monde être dirigés pour le bien de notre propre planète, pour le soin de ses habitants, afin que la race humaine puisse prévaloir.

Partie 8 - Tourisme spatial

En 2001, Denis Tito a visité l'ISS et après cela, l'idée de Voyage espace pour atteindre tout le monde est passé de la science - fiction à la réalité. H outefois, il serait ridicule de dire que cela va toucher tout le monde après tout, pas tout le monde a 60 millions de dollars pour sauter dans le ciel et revenir en arrière. Excités par la nouvelle tendance, Jeff Bezos, Richard Branson et Elon Musk essaient d'en faire une tendance et d'essayer de rendre ces voyages moins chers.

Jeff Bezos, en plus d'être le propriétaire d'Amazon, possède également Blue Origin et a déjà testé sa cabine habitée.

En mai 2019, Bezos a déclaré qu'en plus d'avoir des plans pour l'espace, Blue Origin a également des plans pour la Lune et dispose déjà d'un module lunaire appelé Blue

Moon, il a dépensé plus de 579 millions de dollars juste pour tester un atterrissage humain sur la lune. Le nom de votre entreprise rend hommage à notre propre planète, un petit point bleu dans l'immensité de l'Univers e .

    Sir Charles Nicholas Branson est un entrepreneur de plusieurs millions de dollars qui s'étend sur plusieurs succursales, il possède le groupe Virgin, et l'une des sociétés de ce groupe est Galactic, et c'est cette société qui s'efforce de développer un programme commercial et vise à fournir vols spatiaux suborbitaux pour les touristes spatiaux. Depuis 2009, Virgin Galactic a reporté ses vols. Les catastrophes marquent toujours le chemin de l'entreprise.

    Elon Reeve Musk est le PDG et CTO de Space X, Tesla Motor s, président de Solar City, PDG de Neuralink et actuellement le deuxième homme le plus riche du monde, juste derrière Jeff Bezos . Bien qu'il apparaisse dans plusieurs séries télévisées, séries, films et dessins animés américains, Musk est membre de la Royal Society et a remporté plusieurs prix pour la reconnaissance de son talent intellectuel. En plus de penser à une brève colonisation martienne, Musk est très occupé à réfléchir à des projets de tourisme spatial.

Pair you 9 - Un hôtel dans l'espace le

Une startup appelée Orion Spa n a l'intention de lancer le premier hôtel spatial. L'hôtel a été nommé Aurora Space Station et vise à faire vivre à votre client une véritable expérience astronaute; comme regarder les aurores boréales et ressentir l'apesanteur,

En principe, l'hôtel aura la taille d'une cabine à jet privé et pourra accueillir jusqu'à six personnes, équipage compris. Selon Startup, les hébergements seront luxueux, y compris des suites privées pour les couples, et pourront contenir plusieurs fenêtres, afin que leurs clients puissent regarder les aurores boréales de la cabine,

Cependant, ce n'est pas seulement Orion Spa n qui a envisagé la possibilité de faire un hôtel dans le ciel. Axion Space, basé à Houston, prédit que d'ici 2027, son premier vaisseau spatial commercial sera prêt. L'entreprise a moins de 30 mois, mais a des projets très audacieux et beaucoup d'argent.

Une autre entreprise qui a manifesté un vif intérêt est Bigelaw Aerospace, qui se consacre au travail de construction de bases spatiales à faible coût. Ce sont les pionniers des modules extensibles, c'est-à-dire qu'après leur lancement, ils gonflent et doublent ou triplent leur taille.

Conclusion

Le désir de voler est inculqué aux êtres humains, et ce n'est pas pour rien que nous pouvons voler aujourd'hui. Nous pouvons voler si haut que même le ciel n'est pas la limite. Ce livre est dédié à toutes les personnes qui ont perdu la vie à la recherche du rêve d'être libre, de se débarrasser des griffes invisibles de la gravité, la griffe qui nous tient tous au sol, mais pas nos rêves.

Cependant, même si l' homme va à la Lune ou sur Mars, un navire passe au soleil ou aux extrémités du système solaire, il est comme Dorothy Gale dit en 1939 fi lm , Le Magicien d'Oz: « il n'y a pas de meilleur endroit que notre maison! "

www.ingramcontent.com/pod-product-compliance
Lightning Source LLC
Chambersburg PA
CBHW030446220526
45464CB00006B/2437